用实验证明成语 ①

（全2册）

路虹剑 / 主编

化学工业出版社

· 北 京 ·

图书在版编目（CIP）数据

用实验证明成语：全 2 册 / 路虹剑主编 . —北京：
化学工业出版社，2023.3
ISBN 978-7-122-42846-2

Ⅰ.①用… Ⅱ.①路… Ⅲ.①科学实验－青少年读物
②汉语－成语－青少年读物 Ⅳ.① N33-49 ② H136.31-49

中国国家版本馆 CIP 数据核字（2023）第 018583 号

责任编辑：龚 娟 肖 冉　　　　装帧设计：王 婧
责任校对：李 爽　　　　　　　　插　画：胡义翔

出版发行：化学工业出版社（北京市东城区青年湖南街 13 号 邮政编码 100011）
印　　装：盛大（天津）印刷有限公司
710mm×1000mm　1/16　印张 13　字数 100 千字
2023 年 4 月北京第 1 版第 1 次印刷

购书咨询：010-64518888
售后服务：010-64518899
网　　址：http://www.cip.com.cn
凡购买本书，如有缺损质量问题，本社销售中心负责调换。

定价：98.00 元（全 2 册）

丛书编委会名单

主　　任：路虹剑

副 主 任：何燕玲　赵瑞霞　范学军　果志媛

顾　　问：叶宝生

委　　员：路虹剑　何燕玲　赵瑞霞　范学军　果志媛　周碧涵　靳永新　张思宇
　　　　　杨婧涵　高颖颖　王　丹　胡子剑　付　薇　康建依　高楠楠　彭艳娟
　　　　　周亚亚　孙　靖　张　茜　周　曼　陈　芸　于克寒　张文芳　罗　炜
　　　　　舍　梅　徐　岩　虎天昳　孙晓萍　邓　然　乐　瑶　樊淑芳　侯京丹
　　　　　王　博　姬　钊　宋　阔　刘春燕　吕　萌　张　莉　刘瑞琦　郝子婧
　　　　　赵　茜　王　昭　王子祺　沈保刚　张建颖　刘　婷　苏　珊　周振宇
　　　　　陈　妍　孔维静　王　澎　马靖宇　刘　玥　罗依萌　高　满　刘　晨

本册编写人员名单

主　　编：路虹剑

副 主 编：何燕玲　徐　岩　杨婧涵

编写人员：杨婧涵　于克寒　胡子剑　孙晓萍　徐　岩　王　丹　赵　茜　康建依
　　　　　虎天昳　付　薇　张　茜　何燕玲　路虹剑　果志媛　赵瑞霞　范学军

推荐序 1

阅读本书，真让我有一种耳目一新的体验。

成语，是中华优秀传统文化的重要组成；科学，反映自然、社会、思维的客观规律。在读这本书之前，我从来没有把成语和科学联系在一起，而这本书却把二者关联得这样完美。咬文嚼字，在理解成语的过程中，引发了我不断地思考；动手实验，在探究验证的过程中，又让我豁然开朗，有所顿悟。原来，成语中的每一个汉字，都是如此的博大精深；每一个实验，又是如此的精准而严谨，让游走在国学与科学之间的我，享受着从未有过的快乐。

我佩服古人的智慧，佩服编者的智慧……

宋浩志（北京市东城区教育科学研究院副院长 语文特级教师）

推荐序 2

汉语成语是我国文化宝库中璀璨的明珠，是在中华民族漫长的历史发展过程中，先人们通过对自然、社会的观察，提炼出非常具有人生哲理的名言警句，经常成为现代中国人的行为指导思想和文化论证依据。

当看到书名"用实验证明成语"时，忽然感觉人文性非常强的成语怎么可以进行严谨的科学实证？通读全书，豁然开朗！"发引千钧"，利用杠杆，"一发"可承"千钧"；"覆水难收"，混合与分离，泼出去的水可以收回；"杯弓蛇影"，通过影子实验，可以去心病；"水到渠成"，模拟实验，自然流水可以成河；"移花接木"，植物可以嫁接，造假可以成真；"如影随形"，影的轮廓与物体的形状有什么关系，光影实验说明；"沧海桑田"，海陆怎么会交换？模拟实验证实；"沉李浮瓜"，谁主沉浮？看浮沉实验……

对具有科学现象的成语，都精妙地设计了探究实验，学习成语的思想，更做科学思考。脑洞大开，击掌叹服！

路虹剑老师和他率领的科学团队，做出非常精彩的工作，把人文素养的提升和科学素养的培养创造性地结合在一起，走出了跨学科学习的新路。

本书非常适合少年儿童作为阅读文本，也适合家长带领儿童共同学习，也是科学教师进行科学探究教学的有益参考。

叶宝生（首都师范大学教授）

推荐序 3

　　成语是我国语言文化的瑰宝，书中引用的很多成语都源自古人对世界观察后的所思所想，观察可谓细致，描述可谓准确，道理可谓深刻，是一种智慧的表现。书中把古人的观察、思考和表达呈现在今天的孩子面前，使得孩子们能够借助这本书，模仿古人对世界进行观察，引发对问题的思考，并亲自动手开展科学探究实践，最终形成自己的理解和表达。这本书的出现给孩子们和教师提供了很好的科学实践素材，集科学、文学于一体，为学生综合素养的提升，创造性地开辟了新路径。

贾欣（北京市教育科学研究院 科学室主任 科学教研员）

推荐序 4

这是一本将中国传统文化瑰宝与科学相互融合的趣味读物，横向打通学科间的壁垒，引领小读者于真实世界中，综合看待与解决问题。

这是一本动静结合的读物，由短小精悍的句段与生动活泼的彩图构成了静态文本，更有"扫码看实验"的动态视频资源，促使小读者既闻到了书香，又观览到实验的炫酷。

这是一本"读、问、探、明、迁"纵贯的读物。读成语、生疑问、真探究、明事理、远迁移。相信捧读过此本书后，会有更多的小读者爱上传统文化，爱上科学，爱上观察、动手与思考。

范颖（北京市教育科学研究院 科学教研员 特级教师）

前言

　　如影随形的"形"为什么不是行走的"行"？杯弓蛇影的"影"是阴影还是倒影？蛾子常在夜间活动，说明它们并不喜欢白天的光，那为什么夜晚却有"飞蛾扑火"的情况？……小朋友们，这些成语里藏着有趣的科学问题，你们发现了吗？

　　成语是中华文化的瑰宝，多为四个字。人们更多关注的是成语故事和故事所揭示的道理。这些体现自然现象或规律的成语，其字面内容果真如此吗？你是不是也产生过一些疑惑？

　　此刻，你一定想了解这些成语中所蕴含的科学知识吧。本书将实现你的愿望！它将带你走进成语的文化，用科学实验或科学观察的方法再现现象；用探究的方法发现其中的秘密。整个阅读与实践的过程中，你的思考将会不断深入且是多角度的。

　　相信，随着你对成语中科学知识的了解，你会由衷赞叹：古时，人们在长期的生产生活中是如此善于观察提炼，对大自然有着那么深刻的认识！他们用自己的勤劳与智慧，产生了诸多的发现和发明，解决了很多实际问题，不断理解自然、征服自然。他们还善于用成语等多种方式记录和传承。同学们，本书会带给你不一样的学习经历，请尽快开始你别样的研究与体验吧！

目录

① 发引千钧

一根头发丝能提起多重的物体?

成语解读

"发引千钧"这个成语形容一根头发系着千钧重的东西,比喻情况极危急。

这个成语出自唐代诗人韩愈的《与孟尚书书》:"汉氏以来,群儒区区修补,百孔千疮, 随乱随失,其危如一发引千钧。"

原文的意思是:自从汉代以来,虽然儒生们一直在修补儒家经典,但儒学已经千疮百孔,战乱频繁,经典散佚,到了非常危险的境地。

近义词:千钧一发

问题来了

一根头发丝能提起 15000 公斤重量吗?

钧是古代的计量单位,一钧等于 15 公斤,"千钧"也就是 15000 公斤(30000 斤)的物体,相当于两只成年非洲象的体重。

一根头发丝的粗细平均也就几十微米,真的能拎起那么重的物体么?"发引千钧"是不是等于"口出狂言"?

阿基米德和杠杆原理

其实曾经夸下类似"海口"的人,还有一个非常著名的人物,就是古希腊的科学家阿基米德。据传,他曾经放言:"给我一个支点,我就能撬起地球。"他怎么敢说出这样的"大话"呢?

原来,这一切要从公元前三世纪开始说起。为了抵抗强大的来犯之敌——罗马军队,阿基米德发明了可以将石头投掷到大约 1000 米的投石机。

正是这一神器，使得阿基米德得以保卫了自己的故乡——叙拉古城。他用支点翘起地球的自信，就是来源于此。其实，像这样的装置就是杠杆。

杠杆结构分为：阻力臂、支点和动力臂。

其实，在我国很早就有了杠杆原理的应用。我国历史悠久，传统文化博大精深。其中，以农耕文明为主要代表产出了一系列具有简单机械原理的工具。利用杠杆原理，人们发明和使用的这些农具，对近现代科技的发展做出了巨大贡献。

现在回头想想，一根头发提起重物的方法，你有灵感了吗？其实，杠杆原理就可以实现。

现在，开始动手实验吧

扫码看实验

利用杠杆原理，你能让一根头发提起多重的物体？

如果想用头发提起重物，头发丝应该在哪个点？重物在哪个点？对照想一想。看看你的和答案一样吗？

实验准备:

10 厘米左右长的头发若干根，不同重量的瓶装水。

实验步骤:

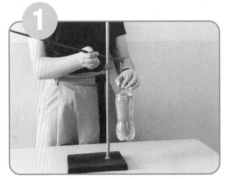

首先我们尝试直接用头发提起 1 斤重的水，显然提不起来。那么，发丝在杠杆的什么位置才能提起？

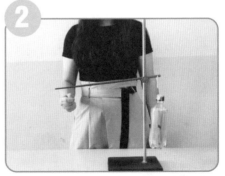

尝试把头发丝放置在距离支点的不同位置处，成功提起重物后，测量头发丝到支点的最近距离并记录下来。

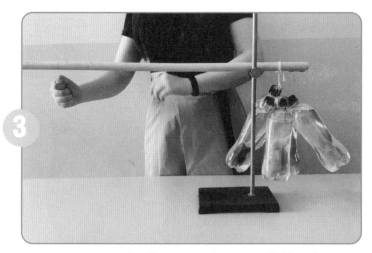

　　根据提起 1 斤水的经验，再试一试头发丝距离支点多远能提起 5 斤的水呢？

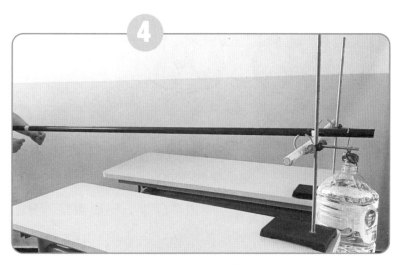

　　最后，让我们再试试用头发丝和杠杆提起 15 斤的水。

当你测试 1 斤、5 斤和 15 斤水（桶重 + 水重）时，仔细看看这三组数据会发现：支点到水的距离都固定在 5 厘米的话，头发丝放的位置会是：10 厘米、50 厘米和 150 厘米。照这样，头发丝距离支点多远能提起 30000 斤的大象呢？

我们需要找到一根 3000 米以上的杠杆，把头发丝固定在约 3000米的位置上。用一根头发丝提起 30000 斤重物并不是一件容易的事情。在研究尝试过程中，还要考虑很多因素，比如头发本身的韧性要好。不同人的头发质量也有差异。此外，3000 米杠杆自身的重量也需要考虑进来。

你发现了吗?

在重点到支点距离不变的情况下，力点距离支点越远所用到的力量就越小，越省力。所以发引千钧并不是不可能实现，只要条件容许，一根头发丝是可以提起千钧重量的。

生活中，在遇到一些难以解决的问题时，我们也可以想想有没有"四两拨千斤"的办法。多动脑筋，才能成为聪明的小朋友哦。

开动脑筋想一想

1. 除了使用杠杆提起重物，你还想到了什么办法，也能发引千钧？

2. 两根头发又能提起多重的物体？如果不断增加头发数量会怎样？

3. 你还想研究哪些问题？比如不同的发质……

2 日东月西

太阳、地球和月球是如何运转的?

成语解读

　　日东月西这个成语的意思是:"太阳东升时,月亮正在西边落下"。比喻远隔两地,不能相聚。

　　这个成语出自汉·蔡琰 [yǎn]《胡笳十八拍》:"十六拍兮 [xī] 思茫茫,我与儿兮各一方。日东月西兮徒相望,不得相随兮空断肠。"意思是蔡琰与儿子如"日在东方、月在西方"那样,不能在一起,只能徒劳相望。

　　近义词: 天各一方

太阳和月亮总是交替出现吗？它们是怎样运动的？

古人认为当太阳东升时，月亮就开始从西边落下去了。它们总是轮流出现在天空。太阳和月亮一直不能相遇吗？

你和古人的想法一样吗？如果你留心观察，就会看到下面的现象。早晨上学时，太阳慢慢升起来，有时月亮还挂在天上呢。傍晚，当太阳即将落山时，月亮已经出现在天空了。人们把这种现象叫日月同辉。

这么看来，太阳和月亮是可以同时出现在天空中的。那这到底是怎么回事儿呢？

要想了解这个问题，你需要知道太阳和月亮的运行规律，而这只有通过每天观察才能发现，至少需要坚持一个月或更长时间的持续观察，才能总结发现。

地球、月球和太阳之间的运动

地球每时每刻都在旋转，这种运动称为自转。它自转一周的时间大约需要 24 小时。与此同时，地球还在绕着太阳转动，称之为公转，公转一周的时间大约需要 365 天。月球是地球的卫星，它绕地球转动一周的时间大约需要 27 天。月球本身不会发光。

　　古人也做了长期深入的观察。东汉时期《尚书纬·考灵曜[yào]》中谈道："地恒动不止而人不知，譬[pì]如人在大舟中，闭牖[yǒu]（即窗户）而坐，舟行不觉也。"意思是：地球在不停地运动，而在地面上的人却感觉不到，这就好比人坐在一艘大船里，关上所有的窗户，尽管船在行驶，而人却觉察不到。

　　张衡[héng]在《灵宪》中提出天体运动的速度各不相同。"近天则迟、远天则速"，说的是距地球近则速度快，距地球远则速度慢。
　　从古人的观察中知道：太阳看起来东升西落，而事实并非如此。他们发现地球、月球都在运动，且各自运动速度也不同。这些天体怎样运动就出现了生活中你看到的日月交替、日月同辉的现象呢？

现在，开始动手实验吧

为了进一步理解三者之间的运动关系，你可以找来身边的地球仪、乒乓球、手电筒来模拟试一试。

实验准备：

地球仪、乒乓球、手电筒各1个。

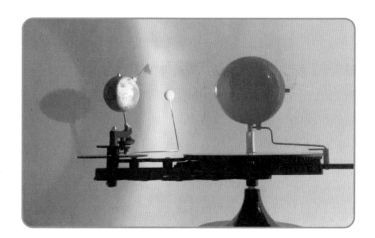

实验步骤：

1. 在自己所处地区加明显的标记。
2. 太阳不动，地球逆时针自转，同时围绕太阳公转，月球围绕地球公转。
3. 观察不同时刻，太阳和月球是否在标记点出现？

当持续转动地球仪，就会看到标记点出现了昼夜交替的现象。这时还要观察月亮（乒乓球）围绕地球转动时，与标记点的关系。

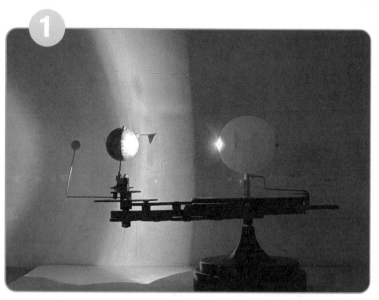

　　地球自转，标记处面向太阳，背对月亮，此时正好是白天，位于标记处的人只能看到太阳。

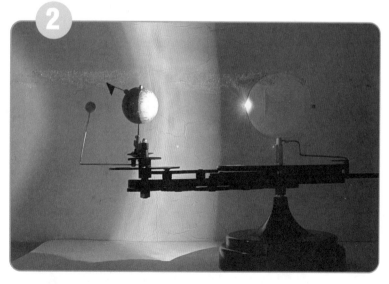

　　地球自转，标记处只面向月亮时，进入了夜晚阶段，位于标记处的人只能看到月亮。

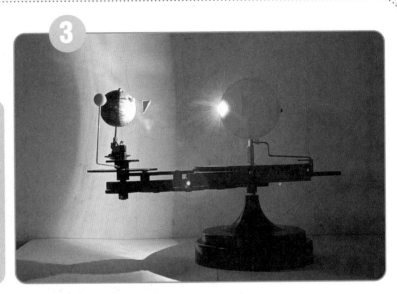

农历二十二、二十三，月亮位于太阳的西面。月亮比太阳早升起几个小时，它从西边落下去之前，天空中会同时看到太阳和月亮。

地球自转，标记处同时面向太阳、月亮。

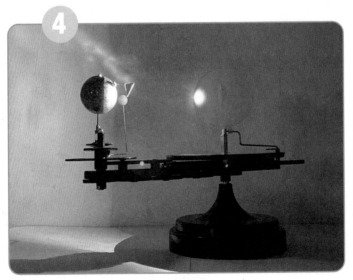

农历初七、初八，月亮在太阳的东面。这几天月球是在太阳升起的几个小时之后出现的。只要天气晴朗，我们会在天空中同时看到太阳和月亮。

地球自转，标记处同时面向月亮、太阳。

你发现了吗?

　　古人的说法并不全面。原来地球自转的同时绕着太阳转动，而月亮又绕着地球转动。

　　地球不停地自转，就会看到昼夜交替现象。由于月球围绕地球公转，就会在白天看到太阳，夜晚看到月亮。

太阳、地球和月球的运动

太阳　　地球　　月球

现在，成语里的问题你已经弄明白了。是不是又出现了更多的疑惑呢？

1. 太阳每天东升西落的规律很容易观察到，那月亮出现的规律是怎样的？

2. 为什么有时候月亮会出现不同的形状？

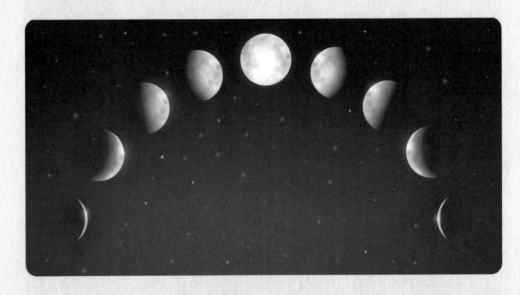

3. 有时会看到日食，这时候，三种天体又是怎样运动的？

3 蚍蜉撼树

小蚂蚁能搬动多重的食物？

成语解读

蚍蜉是一种大蚂蚁，蚍蜉撼树的意思是：蚂蚁想摇动一棵大树，比喻不自量力。

这个成语出自唐代诗人韩愈的《调张籍》："蚍蜉撼大树，可笑不自量"。

近义词：螳臂当车　不自量力　以卵击石

反义词：量力而行　高屋建瓴　自知之明

蚂蚁的力气有多大？能举起多重的物体？

有人说蚂蚁是个大力士，蚍蜉撼树
是有可能实现的。也有人认为，它这么
小，身上又没有肌肉，怎么可能摇动树
呢？事实是怎样的？

你先通过观察蚂蚁的身体结构来试着
做出判断吧。蚂蚁，看起来外形娇小且结构简单。整个身体仅由头、胸、
腹以及一对触角和三对足组成。

这样的身体结构，能举起多重的物体？你是不是很难把蚂蚁与大
力士联系起来？

现在，开始动手实验吧

扫码看实验

在这个实验中，你可以找一只体型比较大的蚂蚁，亲自看看它究竟能搬动多重的物体。

实验准备：

高精度电子秤、蚂蚁、香肠（不同种类蚂蚁喜欢的食物不同）、塑料盒、镊子等。

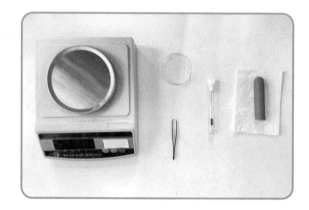

实验步骤：

1

测量蚂蚁重量：这只弓背蚁净重 0.05 克（去皮测量，去掉塑料壳的重量）。

依次称量投喂食物
的重量。

依次投放由小到大不同重量的食物，观察并记录。

　　我们看到小蚂蚁能搬起比自己身体还要重的食物，它可真是个大力士啊！小朋友们，你们也可以按这个方法尝试一下，看看你找的蚂蚁能搬动多重的食物。

　　由于蚂蚁的种类不同，应提前了解它们喜欢的食物再尝试投喂，也要注意保护户外环境的卫生，实验完毕请及时清理，不伤害蚂蚁。

通过给蚂蚁投食，你发现了什么？观察你测量的蚂蚁重量和食物重量之间有怎样的关系？这一次你对蚂蚁是不是大力士，能否撼动大树是否又有了新的答案？

蚂蚁力量的"秘密"

哈佛大学昆虫学教授马克·莫费特对蚂蚁搬的重物进行了测量。他的研究数据显示：蚂蚁一般可抬起自身重量 300 ~ 400 倍以上的物体，能拖拉自身重量 1700 倍的物体。这些数据是不是让你很惊讶？看来我们还可以像科学家那样继续对身边的蚂蚁进行测量。

蚂蚁腿部的肌肉是一部高效率的"发动机"，这个"肌肉发动机"又由几十亿台微妙的"小发动机"组成。所以，蚂蚁能产生如此非凡超常的力量。

蚂蚁的"肌肉发动机"使用的是一种特殊的"燃料"，是一种结构非常复杂的含磷化合物，称为三磷酸腺 [xiàn] 苷 [gān]。

这种特殊的"燃料"不经过燃烧就能把潜藏的能量直接释放出来，几乎没有能量的损失。因此，蚂蚁的"肌肉发动机"的效率非常高，可高达 80% 以上，这就是"蚂蚁大力士"的奥秘。

按照科学家给的数据，现在你认为一只蚂蚁能"撼动"一棵树吗？我们做个计算吧！一只重 0.05 克弓背蚁 ，如果能拖拉自身重量 1700 倍的物体，大概能拖动重 85 克。

由此推断出：一棵直径 20 厘米、高 5 米，约重 314 千克的大树，仅靠一只蚂蚁的力量是不可能拖动的。

一只蚂蚁是没有办法"撼动"这样一棵树的，但是蚂蚁是典型的社会性群体动物，具有群居、分工、协作等特点。我们再来看看，是否一群蚂蚁就能实现呢？

科研工作者研究发现，在弓背蚁的种群中，工蚁最多能达 4000 只左右。实验中我们已经称出这种弓背蚁重约为 0.05 克，它能拖拉自身重量 1700 倍的物体。那 4000 只会拖动多重的物体？一起算一算：

4000×0.05×1700=340000 克

340000 克 =340 千克

你一定发现了：理想状态下，蚂蚁群体的力量可不能小觑 [qù] ！它们能拖动重约 340 千克的树木。你也快来调查一下自己发现的蚂蚁种群能拖动多重的物体吧。

你发现了吗？

蚂蚁真的是大力士！一只蚂蚁能拖拉超过自身重量上千倍的物体。按照这样的数据进行推理，在不考虑它们如何行动的理想状态下，一群蚂蚁的力量是有可能"撼动"一棵大树的。

那假如不同种群的蚂蚁，它的种群达到上千万的数量时，它们又能"撼动"多重的树木呢？那就等着小朋友自己去进一步研究啦！

"人多力量大"，和你的小伙伴一起，团结起来去完成一个更大的目标吧！

1. 蚂蚁不仅力气大，而且还认路，它是靠什么找到回家的路呢？

2. 为什么1只蚂蚁发现食物，很快就有同伴过来帮忙，它们是靠什么传递信息的？

3. 自然界中还有哪些昆虫大力士呢？它们的力气又是从哪里来的？赶快去找一下吧！

4 视丹如绿
为什么眼见的不一定"为实"？

成语解读

视丹如绿中的"丹"字，表示的是红色的意思。视丹如绿的意思就是把红色看成了绿色。

这个成语出自三国·魏·郭遐叔《赠嵇叔夜》中的诗句："心之忧矣，视丹如绿。"意思是：过分忧愁导致目视昏花，结果把红的看成绿的了。

为什么古人会把红花看成绿花呢？

　　人们在忧思的时候往往会盯着景物发呆。长时间盯着红花、绿叶时真的能看到花与叶的"幻象"吗？又是什么原因让我们看错了颜色？

扫码看实验

现在，开始动手实验吧

一起来玩玩这个游戏吧！试试看，你会出现视丹如绿的现象吗？
别着急，请按照下面的游戏规则试一试。

实验准备:

红花、绿叶、白纸、带有图案的卡片、色卡等。

实验步骤:

①

现在盯紧红花看 20 秒以上的时间，然后迅速盯紧旁边的白色区域。

小提示

1. 请在自然光线下试一试。
2. 先把绿叶部分挡住再看红花。
3. 重复几次后，要让眼睛休息一会再看哦！

哇！你是不是看到了神奇的事情？白框中出现了一朵绿颜色的花？

②

请你按照刚才的操作再试一试:只盯着绿叶看看,我们又看到神奇的"红色"叶了!这是怎么回事?为什么在白色区域中会出现绿花、红叶呢?

小·科普: 什么是视觉暂留?

当人们长时间注视某种色彩较强的影像看时,如红花、绿叶等,这个影像就会对视觉产生相应的刺激。当色彩影像的刺激突然停止,也就是将视线突然移开时,原本在视网膜上的影像并不会立即消失,这种残留的视觉影像叫作视觉暂留。

古人就是因为忧虑,长时间盯着花朵出神,导致眼睛受到鲜花颜色刺激,就像"印在"眼前一样,即使视线移开,原有花的轮廓也会存留一段时间。

　　你在移开久看的花时会因为视觉暂留，"继续"看到它的样子。为什么明明看到的是红色的花，移开时会变了颜色呢？

　　请你继续用刚才的方法，盯住下面的彩色图画 20 ～ 30 秒，然后迅速看向旁边空白的地方，你都看到了什么颜色？

　　再多换些颜色看看，又会有什么变化？

　　聪明的你一定发现了：当你久视红色后，迅速转移视线时，看到的是绿色；而凝注绿色后，再移视时，看到的是红色；看向黄色再看别处，满眼都是紫色或蓝紫色！这又是为什么呢？

小科普：什么是补色残像？

　　在可见光下，人眼视网膜负责"看见"颜色的视锥细胞会发生变化。大脑通过人自身的生理调节，自动帮我们进行明暗调节和补色，叫作补色残像。

　　当人们持续凝视红色后，把眼睛移向白纸，这时视锥细胞红色感光蛋白原，因长久兴奋引起疲劳转入抑制状态。而此时处于兴奋状态的绿色感光蛋白原就会"趁虚而入"负责"帮忙"。所以，通过人脑的生理自动调节作用，白纸上就会呈现绿色的影像。

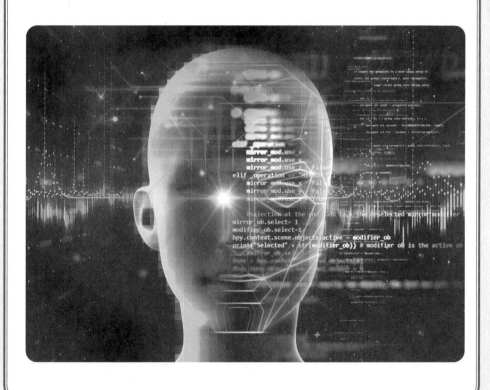

红色的补色是绿色，黄色的补色是紫色。请你试着在下面的色卡中再找一找还有哪些视觉互补色呢？

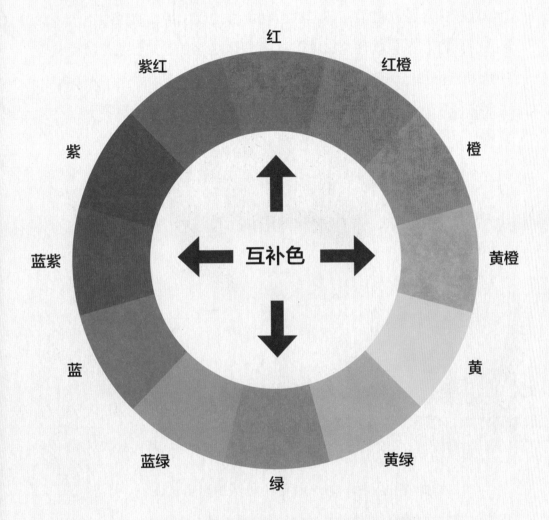

在光学中，两种色光以适当的比例混合能产生白光时，则这两种颜色就称为"互补色"。在色环中，互补色呈 180 度相对应。

现在你已经知道了：郭遐叔当时忧思过度，自己的视线不知不觉地长时间盯在红色物体上出神，从而导致视觉暂留（红花）和视觉互补（绿补红）现象。他没有看错，更不是"红色"真的变成了"绿色"。

在日常学习生活中，你一定要注意保护自己的眼睛，不能长时间盯着十分艳丽或强光的物体，这会影响视力哦！

？ 开动脑筋想一想

1. 当物体在快速运动时，人眼看到的每一个动作仍能继续保留其影像 0.1 ～ 0.4 秒左右的图像。据此，你能解释为什么老电影要做每秒 16 ～ 24 幅画面吗？

2. 一般情况下医生服和护士服的颜色都是白色，为什么手术服会是绿色的？

5 杯弓蛇影

为什么杯子里会有"蛇出没"？

成语解读

杯弓蛇影最早见于东汉学者应劭辑录的《风俗通义·怪神》，唐代房玄龄等人合著的《晋书》中也有类似的故事。《晋书·乐广传》中记载：晋朝乐广，宴请朋友喝酒聊天。正举杯畅饮时，朋友却发现杯中似有一条小蛇在游动，但碍于情面硬着头皮把酒喝下。后来，这位朋友没有说明原因就告辞离开了。回到家里以后感到全身都不舒服，总觉得肚子里有一条小蛇，从此一病不起。

近义词：草木皆兵　疑神疑鬼　风声鹤唳

反义词：处之泰然　安之若素　谈笑自若　若无其事

乐广的朋友在酒杯里看到了蛇，这是怎么回事呢？

如果是真的蛇，为什么会出现在酒杯里？如果不是蛇，那酒杯里的又是什么呢？这个成语的背后，有什么有趣的科学知识？

《晋书·乐广传》中记载：乐广知道朋友因此而病之后想来想去，终于记起他家墙上挂有一张弯弓。于是，乐广再次把客人请到家中，邀朋友举杯，朋友刚举起杯子，墙上弯弓的影子又映入杯中，宛如一条游动的小蛇。

随后，乐广把弓从墙上取下来，杯中小蛇果然消失了。这位朋友恍然大悟，他开心地说："原来是这样啊！杯中的蛇竟然是墙上弓的影子！"他这位朋友顿时明白了，压在心上的石头被搬掉了，病也随之而愈。

现在，开始动手实验吧

扫码看实验

找找身边的材料，试一试，真的会出现故事中的现象吗？

实验准备： ⋯⋯⋯⋯⋯⋯⋯⋯⋯⋯⋯

　　手电筒、模型弓、瓷碗等。

实验一步骤： ⋯⋯⋯⋯⋯⋯⋯⋯⋯

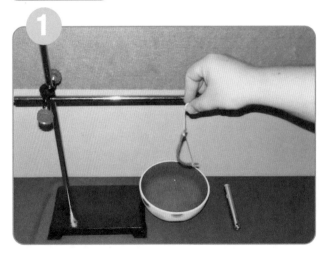

　　在瓷碗中倒入清水，将模型弓放在瓷碗的斜上方约 20 厘米处。

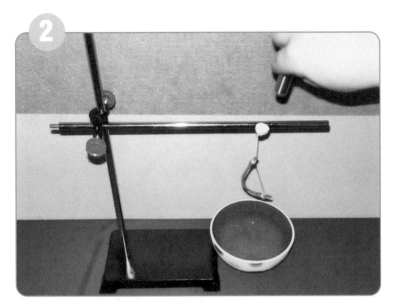

将手电筒的位置放在距离模型弓斜上方约 20 厘米处。

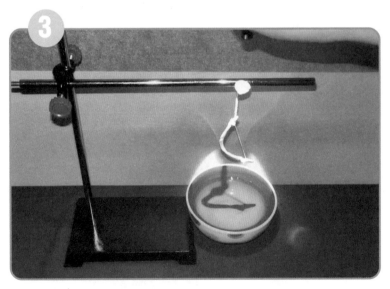

手电筒发出的光照射在模型弓上，调整模型弓或瓷碗的位置角度，使手电筒、模型弓、瓷碗呈一条直线；观察碗中弓的影子。

扫码看实验

实验二步骤:

在瓷碗中倒入清水,然后将模型弓放在瓷碗的斜上方约20厘米处或挂在墙壁上。

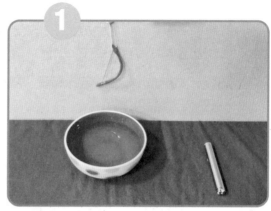

打开手电筒并照射在模型弓上,调整模型弓与瓷碗的位置角度,使模型弓反射的光投在瓷碗中。

观察碗中弓的影子。

碗中会有两个蛇影，这又是怎么回事？

在有光、有物体的环境下我们有可能看到影子。光和物体的位置发生变化，产生的影子也会不同。通常会发生两种光现象：一种是由于不透明的物体遮住了光线的传播，不能穿过物体而形成的较暗区域，就是我们常说的影子。

另一种是光照射到不透明的物体上改变传播方向，反射在平静的水面上或镜面上所成的与实际物体等大的像，这就是我们常看到的倒影。

乐广宴请朋友时，弓挂在墙壁上而不是悬空挂着，弓的位置没有处在窗户与酒杯之间。我们可以把弓挂在墙上再试试看，观察一下会出现什么现象。

实验时当我们把弓挂在墙壁上，手电筒的光照在弓上，弓把光反射到碗中的水面，弓的影像很清晰且有颜色，这就形成了弓倒影。这样的情况就不会出现弓的阴影了。

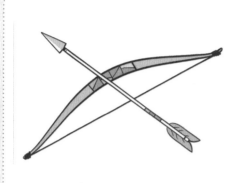

古代尚武之人一般会把弓作为装饰品挂在墙上。弓挂在墙壁上，当太阳光照到挂在墙壁上的弓时，弓将光恰好反射到酒杯里，酒面荡漾仿佛看到一条活灵活现的小蛇在游动了。且因为弓上常有红色漆油绘画，由此判断，乐广朋友看到的是弓在酒杯里的红色倒影。

生活中物体的倒影随处可见，而且从不同的角度观察，可以看到阴影，也可以看到倒影，两种影像都可见。

你发现了吗？

一般情况下，光是沿直线传播的。当光遇到不透明的物体时不能继续沿直线传播就形成暗影子；同时还会改变光的传播方向，返回去，于是就看到彩色的影像。

这个成语给我们的启示是：当我们遇到问题时先想一想，在自己做出正确的判断之前，要先求证后再下结论，千万不能疑神疑鬼，自相惊扰。

1. 生活中有各种各样的影。下面是哪种影？

2. 照镜子与杯弓蛇影的原理是一样的。镜子又是怎样发明的？

铜镜的由来

　　早在两千多年前，《墨经》中就记载了平面镜反射的光学问题，还制作了镜子，墨子甚至能正确认识镜子成像的原理。

　　古代最初以铜为镜。最初的铜镜较薄，圆形带凸缘，背面有饰纹或铭文，背中央有半圆形钮，用以安放镜子，无柄，形成中国镜独特的风格。明代传入玻璃镜，后玻璃镜逐渐普及。

3. 潜望镜是怎么工作的？试着自制一个潜望镜吧！

　　人们将平面镜反射的功能加以利用，用两个平面镜使物光发生两次反射，就制成了潜望镜。潜望镜常用于潜水艇、坑道和坦克内，用以观察敌情。试试看，用身边的材料自制一个潜望镜！（提示：可以用硬纸盒、小镜片、剪刀和胶带等来制作。）

6 揠苗助长

为什么好心却办了"坏事"？

成语解读

揠苗助长的本意是指拔高禾苗，帮它生长，比喻违反事物发展的客观规律，求其速成，反而坏事。

这个成语出自《孟子·公孙丑上》："宋人有悯其苗之不长而揠之者，芒芒然归，谓其人曰：'今日病矣，予助苗长矣。'其子趋而往视之，苗则槁矣。"意思是：宋国有个人嫌他种的禾苗老是长不高，于是到地里去用手把它们一株一株地拔高，累得气喘吁吁地回家，对他家里人说："今天可真把我累坏啦！不过，我总算让禾苗一下子就长高了！"他的儿子跑到地里去一看，禾苗已全部死了。

问题来了

把禾苗往上拔一拔，又没有离开土壤，为什么会死了呢？

成语故事中的人，把禾苗往上拔了拔，禾苗就立刻像长高了一样，最后却死了。禾苗并没有离开土壤，为什么都死了呢？

你有过拔苗相关的经历吗？如果有的话，一定发现把苗从土里拔出来，要用些力气才行。成语中的宋人，把禾苗向上拔，究竟让一株植物的哪个部分遭到了破坏？

观察身边的植物，从它们的身体结构做个推断吧！

绿色花开植物都有哪些器官？

一般情况下，绿色开花植物共有六大器官，分别是根、茎、叶、花、果实、种子。

拔苗的时候，植物的根会因为用力后，向上提升了一段距离。其他部分没有直接受到影响。因此，初步推想是植物的根受到了影响，导致死亡。根对植物究竟有怎样的作用？

现在，开始动手实验吧

首先，我们可以先看看身边常见植物的根，这些根都有什么特点？做好记录哦。

用放大镜能帮助你看得更清晰！

名称	葱	香菜
相同点	两种植物根的粗细是有变化的，由上到下越来越细，到最下方有很多小细毛	
不同点	根的主次不明显，数量多，像胡须	主根 侧根 根有主次之分

知道了植物根的结构，你肯定想到了，当人们揠苗助长的时候，这些植物根部的小细毛就会断了。这个部分对植物的生长起到什么作用呢？没错，会"喝水"，这可能是你首先想到的功能。真的这样吗？

实验准备：

透明瓶子、水、1颗完整的菠菜、植物油、记号笔、一盆长势很好的植物等。

实验步骤：

在一个透明瓶子中装上一多半的水。

插上完整的一棵菠菜，在水的表面滴几滴植物油。

用橡皮泥封住瓶口。

在瓶外油膜的位置贴上便签纸。

放置在阳光充足的地方，再观察液面水位的变化。

几天之后，你看到瓶子里的水少了，一定不是从瓶口蒸发的。因为瓶子的口密封，水蒸气没有机会出去。这说明，瓶子里的水是根吸收后到植物身体里去了。这样看来，如果拔苗，根受到伤害就不能完成吸水分的作用了。

植物的根上到底有什么?

  大多数陆生植物的根在地下分布深而广，形成庞大的根系，比地上的枝叶系统还发达。根有个不容易察觉的结构，相信你刚才一定观察到了，就是分布在根尖部分的小细毛。它的名字叫作"根毛"，它不断地产生，大大增加了吸收面积 。

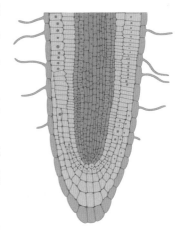

  根毛的数量很多，集生于根尖的一定区域，主要位于根尖的成熟区，形成根毛区，是吸收水分和无机盐的主要部位，根毛对环境条件，特别是湿度的变化非常敏感。在湿润的环境中，根毛的数目很多。

  此外，根系中根毛易与土粒紧贴在一起，将植物的地上部分牢固地固着在土壤中。

　　接下来，我们拿出准备好的一盆长势较好的植物，握住植物的底端，将植物拔起来，观察一下植物会出现哪些现象呢？说明了什么呢？

　　你看，当你费尽力气把植物从盆里拔出来的时候，它已经把整盆土都牢牢地抓住了。植物这样做才能把自己固定在土壤中，不断生长。

　　根也会继续向下和四周生长，满足整株植物生长的需求。你还可以亲自种一些种子，观察植物的生长变化过程。

植物生长的初期，根毛的作用非常显著。它分布在根的末端，向外突出，呈现出管状结构，像很多小吸管一样。由于它的数量多而且比较长，会使植物吸收养分的表面积增加，进而大量吸收土壤中的水及溶解在水中的营养物质。同时，这些根毛像"小手"一样深深地抓牢土壤。一旦恶劣天气来袭，也能够保证自身不受到伤害。

向上拔一拔苗，根系遭到破坏。植物既不能固定在土壤中，又失去了吸收的作用，禾苗因此倒地枯死，这样做违背了自然规律。

？ 开动脑筋想一想

1. 有时候，农民伯伯会到田里把有些庄稼苗拔下来。这样的拔苗方法也能帮助植物生长，为什么？

2. 揠苗破坏了植物的根，导致植物死亡，为什么有时候"掐尖"，却能让植物更好地生长？

3. 你又想到了哪些办法能让植物生长得又快又健康呢？科学家又会怎么做呢？

7 掩耳盗铃
捂住耳朵就听不到声音了吗?

成语解读

掩耳盗铃原意是指把自己的耳朵捂住去偷别人家的铃铛,以为自己听不见,别人也不会听见,比喻自己欺骗自己。

掩耳盗铃这一成语原为掩耳盗钟,出自战国《吕氏春秋·自知》。

春秋时候，晋国世家赵氏灭掉了范氏。有人看到范氏院子里吊着一口上等青铜大钟便想偷走，可是钟又大又重无法背走，他就想把钟砸碎背走。谁知，刚砸了一下钟，就"咣"地发出了很大的响声。于是他便把自己的耳朵捂住继续敲。

近义词：自欺欺人　弄巧成拙

反义词：开诚布公　正大光明

捂住耳朵真的听不到声音了吗？

生活中突然听到很大的噪声时，人们很自然会用手捂住整个耳朵。那么，堵住自己的耳朵，真会听不到声音吗？接下来，让我们一起来通过实验验证吧。

现在，开始动手实验吧

扫码看实验

首先我们可以先从"掩耳"实验开始，然后再用电铃等工具进行实验。

1."掩耳"实验

实验准备:

海绵、厚书、木板、棉布、金属块等。

实验步骤:

先用手捂住耳朵，试一试！

手捂住耳朵依旧能够听到声音，只是声音小了一些。为了避免有缝隙，可以用一只手指堵住耳洞，听听效果！

手指头堵住耳朵，也能听到声音。看来无论是用整个手掌还是一根手指堵住耳朵，声音都能传到耳朵里。声音真厉害，能穿过人的手传到耳朵里！

那么，声音除了能穿过人手，还能穿过什么物体传到耳朵里？我们分别用海绵、木板（请用软质材料包裹一下）、金属块和棉布来试一试。

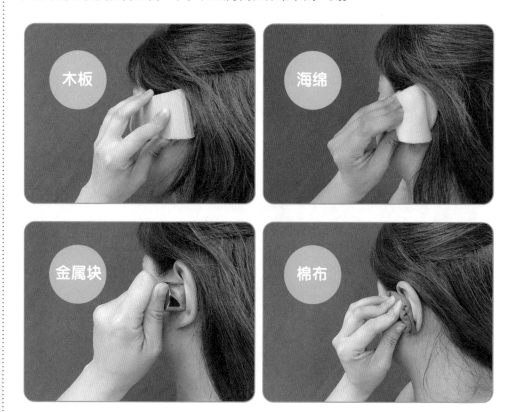

⚠️ **注意：千万不要把物品塞入耳道，以免造成危险！**

耳朵被这些物体堵住后，依旧可以听到声音。声音也可以经过这些物体传到耳朵里，声音的本领真大！看来，这些物体也不一般，都能帮助声音传播。

如果没有手和这些物体帮助，声音靠谁传播呢？我们接着往下做。

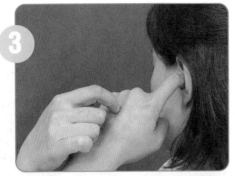

一根手指堵住耳朵，用另一只手的一根手指挠一挠堵住耳朵的那只手的手背。

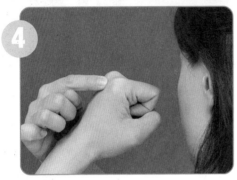

不堵住耳朵，一只手的一根手指挠一挠另一只手的手背。看看能不能听到声音呢？

两种做法都能听到挠手背的声音，可效果却不一样，说明传播声音的物体不同。

公园中、操场上还有教室里，人们能够听到彼此谈话交流的声音，还能听到自然界各种各样的声音。到底是什么物体在帮助声音传播？

| 小科普：声音是如何产生和传播的？ |

声音是物体振动产生的。物体振动时会引起周围的空气振动，并逐步向外传播。

宇宙中没有空气，属于真空环境，声音无法在真空中传播。穿着厚重宇航服进行太空行走的宇航员，即使两个人面对面交谈也无法听到对方的声音，需要使用无线电装置进行交流。而在飞船内由于充满空气，声音是可以通过空气传播的。

2. 声音传播实验

在接下来的这个实验中，我们可以模拟一下宇宙真空的环境，看看声音是否能够传播出去。

实验准备:

玻璃罩、抽气机、小电铃等。

实验步骤:

1. 将发声的小闹铃放在玻璃罩内，听听闹铃的声音。
2. 用抽气机将玻璃罩内空气抽出一部分，听听声音的变化。
3. 将玻璃罩内空气完全抽出，再听听声音的变化。

由于玻璃罩内的空气发生了变化，声音在传播效果上也有了很大的不同。

声音能够在生活中常见的物体中传播。这些常见物体都是固体，声音能够在固体中传播。

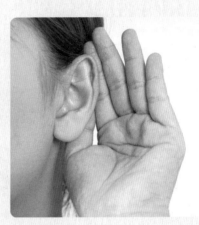

声音可以在空气中传播，没有空气的真空环境声音无法传播。

所以说，掩耳盗铃的做法是非常不科学的：用手捂住自己耳朵的做法不仅欺瞒了别人，荒唐可笑，更是欺骗了自己。故事中的人更不应该将别人的东西据为己有，你可不要做这样的错事！

开动脑筋想一想

1. 德国音乐家贝多芬被世界音乐界称为"交响乐之王"。但他从中年开始就饱受耳疾困扰，晚年时双耳严重失聪，这对于一个音乐家来说是致命的影响，可他依旧创作了经典的《第九交响曲》。他是如何听到声音的？

2. 花样游泳运动员经常会出现头部浸入水下的动作，可她们依旧能够将动作与音乐节奏完美结合。她们又是怎样听到音乐声音的？

3. 道路施工的机器轰鸣声会严重损害工人听力，带上保护耳朵的耳罩可以起到保护作用。你认为用什么材料制成的耳罩保护效果会更好？

8 管中窥豹

管中窥豹真的只见一斑吗？

成语解读

管中窥豹的意思是通过竹管的小孔来看豹，只看到豹身上的一块斑纹，比喻只见到事物的一小部分。有时跟"可见一斑"连用，比喻从观察到的部分，可以推测全貌。

这个成语出自，南朝·宋·刘义庆《世说新语·方正》："王子敬（王献之）数岁时，尝看诸门生樗蒲（樗蒲 [chū pú]：古代的一种游戏），见有胜负，因曰：'南风不竞'门生毕轻其小儿，乃曰：'此郎亦管中窥豹，时见一斑。'"

这个故事说的是，王献之很小的时候，曾经观看一些门客赌博，一旦出现胜负的时候，他说"南边的人要输"。门客们觉得他是个小孩子，不以为然，就说："小公子也只是管中窥豹，看不到全局"。

近义词：窥豹一斑

反义词：洞若观火　见微知著　一览无遗

问题来了

通过细竹管观察豹子，只能看到豹子的一部分吗？我们能否看到豹子的全身呢？

通过细管看世界，人们在什么情况下能看到一部分区域，什么时候能看到更广阔的区域呢？不如来了解一下人是怎么看到事物的吧！

小科普：眼睛是如何看到事物的？

人们能看到这美丽的世界，离不开光的作用。人们通过对光的长期观察，发现了光在空气中是沿着直线传播的，之后人们使用直线来代表光线的路径。

在光的行进过程中，遇到了不透光的物体，光就会改变原本的行进方向，继续沿直线传播，而人眼看见物体就需要有反射光进入眼睛，没有光的话，也就无法看到任何物体。

接下来，我们就通过实验来看一看，一根细竹管能否看到豹子的全貌吧。

现在，开始动手实验吧

扫码看实验

如果想通过细管看到豹子的整体，能否通过调整细管与豹子之间的距离来完成呢？

实验准备：

自制细管或竹管1支（口径1厘米左右）、长度为40厘米左右的玩具或物体。

实验步骤：

①

在距离玩具10厘米的地方用细管观察玩具。

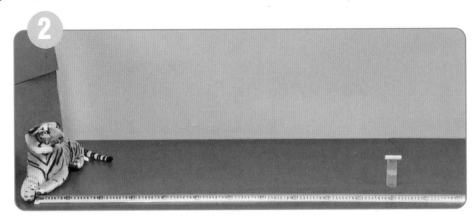

在距离玩具 110 厘米的位置观察玩具。

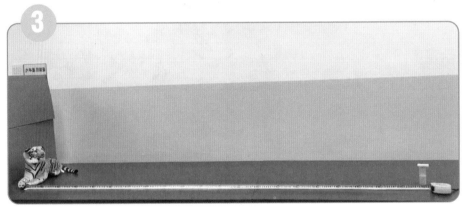

在距离玩具 210 厘米以上的位置观察玩具。

　　细管管口直径为 1 厘米，当管口与豹子之间出现距离时，通过细管就可以看到豹子身上的一部分。

　　当然，不同的人会观察到豹子的各个不同部分，例如头部、身体花纹、四肢、尾巴等。那么，若将你所看到的局部都分别画下来，可不可以推测出豹子的全貌呢？

随着细管到豹子之间距离的增加，我们可以有如下发现。

细管（口径1厘米，管长5cm）	竹管到玩具豹子的距离	玩具豹子（长40cm）	看到管中视野状态
	10 厘米		
	110 厘米		
	210 厘米		

当管口直径为 1 厘米时，管口与豹子的距离越远，人们就越容易看到豹子的整体。

原来"管中窥豹，可见一斑"是因为光在空气中沿直线传播，导致豹子身上反射的光只能将局部传播到管子里，随之进入到人们的眼中。如果改变与观测物之间的距离，就能看到豹子等事物更多的局部，使人们不仅可以推测其全貌，也可以让所看的事物观察得更加全面。

管中窥豹也表达出：人们若想要看到事物的整体，了解事情的真相，不能只顾眼前的小目标，而应该将目光放长远，从而得到更全面的收获！

？ 开动脑筋想一想

1. 我们如果不改变距离，只改变竹管的直径或长度，我们又会观察到什么样的现象呢？

2. 在黑暗的房间里，用一个带有小孔的硬纸板遮挡在一张白纸和蜡烛之间，点燃蜡烛，白纸上会出现倒立的烛焰。你能尝试着解释：为什么烛焰在白纸上的像是倒立的呢？

9 水到渠成

流水可以自己修建渠道吗？

成语解读

水到渠成的意思是指水流到的地方自然成渠，比喻条件成熟，事情自然成功。

据记载，水到渠成这个成语最早出现在宋·苏轼《答秦太虚书》中："至时别作经画，水到渠成，不须预虑。"大概的意思是：平时过日子一点点地节省，等积多时再做安排，自然会水到渠成，没必要做预先的计划。

近义词：瓜熟蒂落　迎刃而解

反义词：功败垂成　徒劳无功

既然说水到渠成，那么流动的水可以自己修建渠道吗？

为了让水按照人类需求流经，人们常常会修建水渠引水，我们身边有很多人工修建的水渠。

但自然界中现有的水渠都是人工修建的吗？有没有一些渠道是按照流水自己的"意愿"完成的？

著名思想家老子在《道德经》中曾这样表达："天下莫柔弱于水，而攻坚强者莫之能胜"。意思是：遍天下再没有什么东西比水更柔弱了，而攻坚克强却没有什么东西可以胜过水。

真的像《道德经》与成语提到的那样，"柔弱"的流水具有"形成渠道"的力量吗？

黄河是中华民族的"母亲河"，哺育了灿烂的华夏文明。黄河流过的地方存在着不同种类的渠道，蜿蜒的黄河源、壮美的九曲十八弯、如刀砍斧刻的壶口瀑布……

这些河流流经的渠道都是根据人类意愿修建而成的吗？

现在，开始动手实验吧

接下来，我们将通过实验模拟自然环境中的流水，看看流水所到之处是否能够自己形成沟渠。

实验准备：

空置的鱼缸或水盆、喷壶、漏斗、泥土、石块、彩砂等。

实验步骤：

我们先来模拟雨水落在地面的情况，看看土地能否产生沟渠。

我们需要动手制作一个小土坡模型（可以在小山丘上撒一些彩砂方便观察）。

然后用喷壶等工具模拟雨水喷洒其顶部，观察雨水是否有能力形成沟渠。

观察发现，随着雨水的降落，小山丘顶部明显变矮，彩砂与土壤被雨水冲刷至平坦处，雨水流过的地方会形成小沟。

接下来，我们再来研究一下河流对小山坡的影响。

准备空置的鱼缸或水盆、喷壶、漏斗、泥土、石块、彩砂等。

动手制作一个小土坡模型。

土坡中可以埋放一些质地不同的石头、泥块等。

在小土坡较高位置放一个漏斗，向漏斗中注水模拟水源头，然后进行观察。

观察发现，水会从水源处向较低矮的方向流动，并且更容易流向质地稀疏松软的地方，质地坚硬一些的地方也会被冲刷。

重复实验后，逐渐有较为固定的流动轨迹，形成明显沟渠。

我国河流最常见的形态

　　我国河流资源非常丰富，有多种多样的河流类型。由于地形地貌等地质因素影响，河流分类中按照河道的平面形态可以分为平直河、辫状河、曲流河和网状河四种。

　　平直河通常仅出现于大型河流的某一段的较短的距离内，或属于小型河流，会逐渐向弯曲河的样貌发展。

　　中华民族的母亲河——黄河，它有些河段河水来势汹汹，力量巨大，横扫一切。历史上黄河有六次大规模决堤、改变河道的经历。为了避免造成损失，人们一直在不断地探索治理黄河、修整河道的方法。

　　河流面貌复杂多样,地形地貌本身的特点、流水自身与搬运河道砂运动、人类的需求作用等,都是渠道形成的影响因素。

雨水降落的力可以打散并溅起土壤颗粒，汇集成水流在地面流动带走了这些细碎的土壤。由于重力作用，水流和它携带的物质向低处运动，在行进的过程中不断和其他水流汇合，力量增大，带走更多的土壤，在土壤中形成沟壑，这些沟壑相互汇集又形成大沟渠。

流水的力量逐渐增大，能带走更多土壤和更大的岩石，不断拓宽这些沟渠……如果流动的路径比较固定，慢慢地就会形成沟壑，发育成河流。

流水就是这样不断地侵蚀着地表，勾勒河道。不同流速、流量的流水会对地表产生不同的作用：流水的流速快、流量大，改变作用会更明显。

回到我们开头的问题，流水可以自己修建渠道吗？答案是肯定的。就像开头的成语所表达那样——水到渠成。不过真实环境比我们模拟的实验环境要复杂很多，对流水形成沟渠的作用也会产生影响。

开动脑筋想一想

1. 黄河、长江等河流在入海处能为我国持续制造新的陆地，这与流水的作用有关吗？你还想研究哪些问题？

2. 你知道哪些奇特的地表形态的形成，也与流水有关么？

神奇的喀斯特地貌

一些岩石的成分会和流水产生特殊作用，形成奇特的地表形态。比如神奇的喀斯特地貌（Karst Landform），是我国五大造型地貌之一，也称为岩溶地貌。

喀斯特地貌是地下水与地表水对可溶性岩石发生作用形成的地貌，以斯洛文尼亚的喀斯特高原命名，世界很多地方都有分布。

在喀斯特地貌的形成原因中也蕴含了一个成语，你知道是什么吗？

10 煽风点火

煽风到底是能点火还是灭火?

成语解读

煽风点火的本意来自古人们在烧火时的经验:在火旁不断扇风,点起火来。这个成语用作比喻煽动或唆使别人干坏事。

煽风点火出自沙汀《青㭎坡》:"倒不是怕有人煽风点火。"姚雪垠在《李自成》二卷八章也用到了这个成语:"坐山虎知道了,马上就百般挑唆,煽风点火,硬是把丁宝国说变了心,跟着他鼓噪起来。"

近义词:传风搧(通"扇",扇的繁体字)火　兴风作浪　添油加醋

问题来了

煽风不是应该起到灭火的作用吗？怎么能点火呢？

生活中你注意过这样的现象么？有时，我们用扇子对着烛火一煽，烛火会熄灭；有时打开窗户，一阵风吹进来，也将烛火熄灭了。可见，风是可以灭火的。那么煽风能点火吗？

火是如何产生的？

火是物质燃烧过程中所进行的强烈的氧化反应。燃烧是物质与空气中的氧气结合，能量会以光和热的形式形成火焰现象释放出来。

燃烧需要同时满足三大条件才可以实现：可燃物、氧气参与、达到一定的温度（即可燃物的着火点/燃点）。

我们知道了燃烧所需要的条件，下面通过实验来看看：怎样煽风才能点火。

现在，开始动手实验吧

扫码看实验

为了证实煽风到底能不能点火，我们需要做一些实验相关的准备，更需要格外注意的是，如果你想动手来做关于火的实验，一定要注意安全。

实验准备:

蜡烛一支、扇子一把、瓷盆（或玻璃盆）一个、木柴及木炭若干。

实验步骤:

①

点燃准备好的一支蜡烛。你可以看到轻轻煽时，烛火轻轻摇了摇，并没灭。但用力快速一煽，烛火灭了。

在瓷盆（或玻璃盆）里点燃木材，火焰比烛火更大，再用扇子对着火焰轻轻煽风。

我们发现很难煽灭，反而越煽越旺。

| 你注意到了吗？ |

在野炊烧烤时遇到过这样的情况：炭火上烤着肉，用扇子对着没有火苗的炭火煽风会燃起火苗。这是为什么呢？

用扇子对着炭火煽风试试吧。我们先将木炭烧红烧烫，不冒火焰，再用扇子持续煽风，看看会有怎样的变化？

⚠ 注意：这个实验比较危险，请勿模仿！

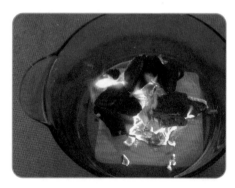

原来，煽风真的能够将发红发烫、但不冒火焰的炭给点燃了！你能解释这究竟怎么回事吗？

煽风点火是当可燃物还在发红发烫具有较高温度时,通过煽风不断地将富含氧气的新鲜空气扇过来,就可以让发红发烫的可燃物重新点燃冒出火苗。而煽风灭火是因为风力太大造成瞬间真空或火焰温度骤然降低导致。

我还发现生活中用嘴吹风也能和煽风起到一样的效果,比如农村会用吹火筒吹旺灶里的火。

开动脑筋想一想

1. 你听说过"钻木取火"吗?你能解释一下为什么"钻木取火"有下面这些步骤吗?

"钻木取火"的过程:先用两种干燥、质地柔软的木头相互摩擦,得到火星儿时,就会赶紧放上一些干燥的木屑、干草之类,然后用嘴吹起风或用扇子扇起风来,就能很快点燃这些木屑,把火生起来了。

2. 如果忽然间炒菜的油锅烧着了,用什么方式灭火最科学呢?

11 移花接木

一种植物插到一棵树上也能活？

成语解读

移花接木的本意是把一种花木的枝条嫁接到另一种花木上，比喻为使用手段暗中更换。

这个成语出自明·凌濛初《初刻拍案惊奇》卷三五："岂知暗地移花接木，已自双手把人家交还他。"

近义词：暗度陈仓 移天换日 偷梁换柱

一棵植物截取一枝接在别的树上，它就能成活吗？

仔细观察你会发现，在同一株三角梅上，可以开不同颜色、不同品种的三角梅。虽然我们看到的是五颜六色的百花，但是它还称不上是"百花树"，因为它们都是同科同属同种的植物。

那么不同的植物接在一起，它还能成活吗？下面我们来通过实验验证一下吧。

现在，开始动手实验吧

扫码看实验

为了看看嫁接的植物能否成活，我们需要准备几种常见的植物进行实验。

实验准备：

蟹爪兰、仙人掌、月季、蔷薇各1盆，另外准备酒精消毒湿巾、小刀、防护手套等。

实验步骤：

我们可以先用草本植物来试一试，即选择比较常见的蟹爪兰和仙人掌进行尝试。

实验中，我们要选择生长很好的仙人掌和蟹爪兰。蟹爪兰的叶片要选择健康的厚叶子。叶片不能太嫩，也不能太老。最好选择一年以上的叶片。仙人掌的叶片一定要选择大型的、叶片肥厚的。

用酒精消毒过的小刀对蟹爪兰进行修剪，将底部四面都切除，留中间的木质化髓心，削得尖一点。

提醒：在使用刀具等锋利物品时一定要注意安全，避免划伤手指。

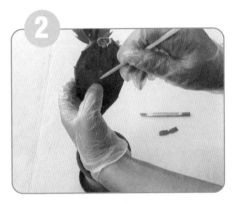

用酒精消过毒的牙签在仙人掌一面扎出一个适合插蟹爪兰的小洞，洞一定要扎在仙人掌刺的上方。

将蟹爪兰插入到仙人掌的小孔当中，先使用手固定住，再找来夹子固定即可（也可不用，视情况而定）。

那么，这株植物为什么可以成活呢？它们虽然看上去是两种不同的植物，但其实它们都属于仙人掌科。仙人球接在量天尺上也是同样的道理。

相同科的草本植物可以接在一起，相同科的木本植物是不是也能接在一起呢？月季和蔷薇都属于蔷薇科，如果将剪下来的月季接在蔷薇上，月季能否成活？我们再来试一试吧。

月季、蔷薇各1盆，另外准备酒精消毒湿巾、小刀、防护手套等。

用消过毒的小刀对月季的枝进行修剪，削成尖头。

用小刀将蔷薇的一根枝从中间划开个小口（一定要注意不要划到手）。

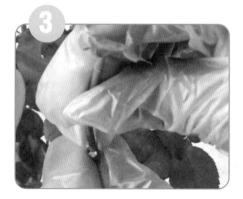

将月季的枝插入到切好接口的蔷薇枝当中，并用夹子将其固定住。

一段时间后再观察，月季也成功地在蔷薇上生长了。

我们通过实验发现，相同科的木本植物也是可以接在一起的。那么，是不是任意的两种植物都能接在一起呢？你可以按照上述的方法，将月季接在仙人掌上，看看最终是否能够成功。

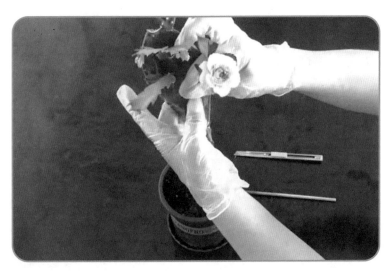

这次的尝试最终以失败告终，为什么会这样呢？

你发现了吗？

移花接木是通过嫁接方法得以实现的。

不是任意的两种植物就可以实现移花接木。

当两种植物亲缘关系越近，亲和力越强，移花接木的成功率也就越高。

嫁接技术的小·历史

嫁接，是无性繁殖中的营养生殖的一种。利用植物受伤后具有愈伤的机能把一株植物的枝或芽，嫁接到另一株植物的茎或根上，使接在一起的两个部分长成一个完整的植株。

嫁接时接上去的枝或芽叫作接穗，被接的植物体叫砧木或台木。

据史料记载，嫁接技术在我国至少有 3000 多年的历史，比国外要早 1000 多年。公元前1 世纪，我国西汉时期农学家氾胜之所著的《氾胜之书》中有用 10 株瓠苗嫁接成一蔓而结大瓠的方法。就是说：用 10 株葫芦的嫩苗嫁接在一起，结果长出来的葫芦很大。

1. 苹果、梨、桃、李子，这些水果都属于蔷薇科，如果将它们嫁接到同一棵树上，能嫁接出百果树吗？会结出什么水果呢？这些水果的种子如果再播种又会长出什么果树呢？

2. 如果让你来嫁接，你最想嫁接哪些蔬菜水果呢？你觉得会有怎样的结果？

《杯弓蛇影》
吕昊妍（北京市文汇小学）

《掩耳盗铃》
杜家和（北京市和平里第一小学）

《发引千钧》
李昊霖（北京市东直门中学附属雍和宫小学）

《移花接木》
郝千墨（北京市东交民巷小学）